U0343675

西藏民间艺术书系

西藏民居装饰艺术

马军 黄莉 编著

西藏人民出版社

谨将此书

献给共同创造了中华文明的

藏族人民

作者简介

　　马军，男，汉族，1959年生于陕西省西安市。1983年进藏，曾在西藏自治区司法厅创办《西藏法制报》，并负责汉文版美术、摄影和文字编辑工作。曾任《中国国门时报》西藏出入境检验检疫局记者站站长。在藏18年，兴趣于西藏民间艺术的收藏、整理、研磨，积累图片、文字资料130多本（册），文章及摄影作品多次获奖，被收入《中国摄影家全集》《世界华人文学艺术界名人录》《世界名人录》。2001年内调，现在云南检验检疫局工作。

　　黄莉，女，汉族，1963年生于新疆石河子。1978年进藏，1997年内调，马军之妻。

序

　　马军、黄莉夫妇编著的《西藏木雕艺术》、《西藏镏金铜饰艺术》、《西藏骨贝雕艺术》、《西藏民居装饰艺术》是"西藏民间艺术书系"中继《西藏擦擦艺术》、《西藏风马旗艺术》、《西藏扎嘎里艺术》和《西藏玛尼石艺术》出版之后的又四本研究西藏民间艺术的专著，现在这一书系出版齐了。

　　人们都说去过西藏的人会有一种情结，会像着魔一般地迷恋那里的一切，马军的痴迷程度在朋友圈中是早已出名的。差不多在十年前，马军就给我展示过他的珍藏：130多本精心制作、装订成册的图片资料，几乎将他多年来所能接触和收藏的一切都拍摄下来，分门别类，编号整理。大到山川自然，寺庙庆典，小到居民装饰，骨贝雕刻，视野之开阔，用心之精细真是令人叹为观止。记得我当时就问过他为何不编辑出版，马军憨憨地笑笑，说是准备不充分，希望有时间的时候好好深入研究之后再说。而当时他的这一工作已经静悄悄地进行了十余年，当然都是利用业余时间点点滴滴汇聚而成的。

　　20世纪80年代以来，内地的文化人和艺术家一批批地涌入西藏，也卷走了一批批随手可得的玛尼石刻、擦擦和风马旗，我曾戏言，高原的海拔也因此降低了不少。而大多数人的行为都是猎奇之举，随手又会将这些艺术品飘散了，往好里想算是法物流通吧。极少数的有心之人，也将其收藏整理出版，但坦率地说，目前我所看到的基本都很粗陋简单。而马军、黄莉夫妇的就不同了。他们积十八年之功，气定神闲，悠哉游哉地漫步于雪域高原，耐心地收藏、整理、研究，这种态度和方法在讲求急功近利的今天实在难得，同时，也代表了一种藏学研究的民间立场和方向。他对我讲，一共八本的"西藏民间艺术书系"将会陆续出版，作为多年的老友真为他高兴！

我和马军相识要倒推22年光阴，早在1981年中央美院的考场我们就曾结为兄弟，那时各路的考生汇聚于京城就跟今日的民工相差无几。几十人挤住在一间教室的地铺上，夜里喷云吐雾，豪情万丈，马军的烟头不小心点燃了身下的稻草，差一点引起一场大火。那个时代的年轻人都是自我教育，很难顺应体制化的高考，我是连考四年之后终于进去了，而马军老弟一试不中，扭头便进了西藏。

1989年，我们在西藏的一次赛马会上偶然相遇了。当时我成了体制外的自由人，而他则做了法制报记者。藏语里老百姓把有身份和有学问的人尊称为"格啦"，我们便戏称他为"马格啦"。马格啦确实不知给了我们多少帮助，从在他家混饭，到借光借车四处采风，还能一起感受盛大的宗教庆典。

到后来马军又进了自治区商检局，更有"格啦"相了。有趣儿的是这位"格啦"业余地做出了如此专业的学问，实在是令我欣喜。

我从来不愿给人写序或前言之类，总觉着那是老人们才干的事情，但是马老弟的事情怎能不应呢，只遗憾杂七杂八的一通乱侃不知所云，只有再次对他表示祝贺了！

温普林

2013年7月　北京

目录

西藏民间艺术书系

西藏民居装饰艺术

西藏民居装饰艺术

马军

开篇

西藏的民居、宫殿、寺庙以及庄园建筑，我们都可以统称为"藏式建筑"。

藏式建筑之所以不同于其他民族的建筑，一是形制的不同，二是装饰风格的不同。

本书所探讨的是藏式建筑中的民居建筑装饰，也就是说，房子盖好了以后，要用色彩和其他东西对屋里屋外、院内院外、房前屋后进行装饰美化的一种民间艺术形式。

藏族盖房子的一大特点是就地取材，因地制宜。

房子装饰的基本理念是驱害避灾，保佑平安。

装饰效果达到的目的是自然和谐，吉祥如意。

一、论述主题

藏式住房（除帐篷，游牧民居住的外）有木房子(林区人们住的)、碉楼式房子（高山峡谷地带人们住的，另有防御作用）和平顶样式的房子（西藏腹心地区农村和城镇居民们住的）三种。

在这三种房子中，最能代表藏式民居传统建筑特点与主流，体现民族特色和民居装饰艺术风格，看上去很有意思的就属平顶样式的民居房屋装饰了，笔者称之为"藏式范儿"。

这种"藏式范儿"的民居装饰艺术，就是本书重点展开研讨的主题。

二、民居装饰面面观

笔者以为"藏式范儿"的民居建筑在装饰方面有两种。一种是有主动意识的，即自觉地去进行装饰。第二种是无主动意识的，即通过堆放一些东西，起到或达到意想不到的装饰效果。

平顶式的民居建筑，藏语里叫"慷巴"。所用的无非是土、石、木这些取之方便、搭建容易的材料。这类建筑多为一家一个院子的一层或二层楼房，个别富裕人家也有盖三四层的。这样的房子星罗棋布地分布在拉萨河谷、年楚河谷、雅鲁藏布江流域的中、上游地区和三江（金沙江、怒江和澜沧江）经流的西藏各地，一簇一簇、一片一片的随处可见。

用怎样的技术和方法对这种房屋做功能性分配，以及平院或楼房的区别，不是笔者的用心之处。

我所看到的房子从选址、施工到封顶，再到涂抹装饰，最后呈现给我们的感官效果是：远望民居，天地之间有一抹棕褐色；近看民居，有生动有趣、耐人寻味的画面效果；走进民居，映入人们眼帘的是色彩斑斓的缤纷世界。

（一）远望民居——天地间的一抹棕褐色

走进西藏，你从远处就能看到民居的这般颜色，如果没有看见，那只是个人对色彩的感受程度不同罢了。

这种颜色出现在西藏农区的民居，甚至是牧区的牲畜圈上不是偶然的。要问这种颜色源自哪里，一说大家就知道了，是寺庙建筑墙体上那一道道如同僧人袈裟颜色的白玛草墙（图146～148）。

白玛草墙建筑装饰是寺庙特权的象征，是被禁止用来作为民居建筑装饰材料的[①]。那么，民居建筑上为什么会呈现出这样的色彩效果呢？

我们先看一看民居的院墙和房墙上都是些什么颜色，就不难感受了。

在民居的院墙和房墙上，有一排排码放好的黄褐色的牛粪饼、牛粪砖，深棕色的灌木枝或干树枝、白色的小石头。有一道道模糊的红、蓝、灰的横条状色带。这些颜色混合在一起，在阳光透过大气层的光合作用下，远远看去就像寺院的主殿和其附属建筑。这是笔者长期在藏观察和感觉到的这一抹棕褐色（图001、图002、图005）。

西藏民居大都建在寺庙下面的周围区域或附近，高高在上的寺庙是百姓礼佛的精神寄托。可以肯定地说，一个地方的寺庙建筑上有什么颜色，民居上就会出现什么颜色。这是民居建筑装饰模仿寺庙建筑装饰的体现，也是百姓崇佛心理状态的一种表征，有所区别的是，在使用的面积和规模的大小方面有所不同。

　　例如，日喀则地区萨迦寺的建筑装饰与周围附近民居的房屋（图016）、白居寺建筑装饰与周围附近民居的房屋、拉萨三大寺建筑装饰与周围附近民居的房屋、山南地区寺庙建筑装饰与周围附近民居的房屋（图007～010）、藏北和阿里地区寺庙建筑装饰与周围附近民居的房屋（图028、图029）等。

　　西藏民居院墙和房墙上摆放的牛粪饼、灌木枝或干树枝，是为了生存而储存备用的生活必需用品，并不是为了好看或是出于对美的追求。然而，却获得了意外的美感效果，自然、拙朴，远看上去就像寺庙的白玛草墙，笔者有时会误将其看成是寺庙建筑群了。

（二）近看民居——生动有趣、耐人寻味的图案画面

　　走近各地民居，绕房子转一圈，我们就可以看清楚房子和院墙外面装饰的具体内容。

　　院墙和房墙上有手划纹、牛粪饼、白色的石头；院墙上绘制有蝎子、日月、卐字符号和朵玛供品；大门上方安放着牦牛头骨、羊头骨、白石、玛尼石刻和灵器，门面上绘有或贴着卍或卐字符号、日月、朗久旺丹图符、护符、海螺、宝瓶等图案和符号；窗户四周画有黑色的边框，大门和窗户上挂着香布；房顶上画有卐字符号，安置有燃桑的香炉和风马旗；喜庆的日子和过年时，大门外的地上用白粉画着各种吉祥图案。

　　虽然看清楚了院墙和房墙上的各种图饰，也觉得它们非常有趣。但是，就是没有弄明白，所以，有强烈地好奇心，想探究一下画这些图案符号和摆放这些东西究竟有什么意义呢？它们起什么作用呢？

　　现结合有关资料，对这些图案符号和安放的物品进行归纳和解读。只有基本了解或明白了其中的含义，才能感受和体会到藏族的生存智慧以及对美好生活的向往与追求。

1.手划纹

　　对于民居墙上装饰的这种纹饰，笔者查阅了很多资料后发现，这种纹饰没有考古或学术上的专业名称。也就是说，在西藏考古发现的古代器物的纹饰以及其他物品上面，没有出现过这样的纹饰。那么，这种纹饰是谁发明的？又是在什么时候出现的？笔者至今也没有查阅

到这方面的资料，所以也就无从考证。所看到的是，这种纹饰只在西藏的建筑上出现，尤其是在民居上。笔者将其命名为"手划纹"，是根据创造这种纹饰的民间行为动作而命名。也有的文章称作"手抓纹"。但是，这个"抓"字的动作与创作这种纹饰的行为动作很不相符。

手划纹是在土坯砌筑的墙体表面上，用双手捧起一团泥巴，涂抹（糊）在墙面上，以保护土坯墙体。在涂抹的同时，顺势或待其未干时，用双手指尖在泥巴上划出的一道道的弧形，连成一片时就形成了一幅有着纹路的图案。所以笔者称其为"手划纹"（图033～036）。

这种纹饰最初是泥巴的土黄色，要待其干后再浇倒或泼洒上白灰浆。浇倒时，人们站在屋顶上，提着装满白灰浆的桶，从上往下沿着墙体倒浆浇涂。泼洒时，人们站在距墙体二三米的墙面前，用大勺在桶里舀起一勺勺白灰浆，泼洒到墙面上，动作行为确实粗犷、豪放、大气。这样浇涂的墙面显得很粗糙，疙里疙瘩的凹凸不平。雨季到来时，雨水顺着弧形槽沟流下去，减轻了雨水冲刷墙面的强度，从而有效地起到保护墙面、墙体的作用。另外，这种墙面还有一个好处，它的抓力很强，牛粪饼贴在上面晾晒时不会掉下来。

手划纹不仅在民居的墙上出现，寺庙、宫殿、庄园的墙上也有（图140）。

这种简单、实用的手划纹在墙面上犹如水上泛起的阵阵涟漪。作为装饰纹样，有着一种自然的起伏之美，产生了意想不到的装饰效果。

2.牛粪饼

民居院墙上满墙的牛粪饼是一种燃料。牛粪在藏语里叫"久瓦"，意思就是燃料，没有粪尿的含义。牦牛以牧草为食，牛粪经自然风干或制成牛粪饼晒干之后，燃烧起来如同木材一样没有异味，很干净。在西藏，牛粪被誉为"高原圣火"、"高原之光"。牛粪与藏族生活、生产息息相关的重要程度是不言而喻的。没有它，藏民就无法生活，更谈不上创造物质财富和精神财富了。

　　拣牛粪和制作牛粪饼燃料，本身就是藏民生活和生产中不可或缺的一部分。农区的人们在制作牛粪饼燃料时，要往牛粪里掺些青稞麦秆碎屑，牧区的人们则要往里加入杂草根屑，然后用脚踩匀，一捧一捧的用双手拍实，按贴到墙上，待其晒干后取下。这样做成的牛粪饼不易碎且耐烧，农区的人常常把多余的牛粪饼整整齐齐地码在院墙或房墙上，牧区的人们则直接将牛粪饼堆成垛或围成一米多高的矮墙，以抵御风寒。在冬季牧人不仅可以在此休息，做饭烧茶，也可用来圈养牛羊。（图046～047）。

　　牛粪还能起到保温的作用。在暖瓶出现之前，藏族人每天离不开的酥油茶是用牛粪火煮的。煮好的酥油茶放凉了以后，酥油凝固，喝了容易闹肚子，若再次烧开，酥油与茶水分离，茶不好喝。要想任何时间都能喝到不凉不烫的美味饮料，就要将酥油茶壶放在火炉上，在火炉里用牛粪灰将明火盖住，间隔一段时间，用火铲在炉里轻轻地铲动一下，使之慢慢燃烧。这样可以使酥油茶长时间地保持一定的温度，喝起来又鲜又香。

　　当今，酥油茶已被制成袋装固体，想喝就冲。这种在现代化的机械流水线上被大量复制出来、供旅游者消费的伪酥油茶，怎能比得上藏族百姓家里那地地道道的酥油香茶呢。

　　牛粪除了作为燃料外，在藏族的文化艺术和习俗中也担当着重要的角色。

　　在西藏的陶器文化和面具艺术中，陶器艺术家把牛粪与草皮混合在一起作燃料，烧制出藏族日常生活中使用的各种类型的陶器和精美的陶器艺术品。面具艺术家以牛粪为材料制作出了一种独特的面具。这种面具把牛粪与各种草药、植物胶混合，再与布等纤维材料脱胎成形。做成的面具重量轻、有韧性、防腐烂、防虫蛀，可作为供奉的圣物悬挂。

　　在民俗文化里，新居落成乔迁之时，要在新的家里事先供奉一尊汤东杰布②的塑像，一袋上好的牛粪和一桶清水。寓意主人住进新居后生活富裕，幸福安康。民间举行婚礼时，在特定的位置中央要悬挂用五彩哈达挽扎的象征婚礼吉祥物的彩箭，彩箭下面摆放一袋上好的、系着白色哈达的牛粪和一桶系着白色哈达的清水，象征新婚夫妻婚后生活美满，儿孙满堂。

　　日喀则一带在藏历新年有"纳新"的习俗，初一这天一大早，每家每户都会端上祝福吉祥的"切玛"和糌粑出门"纳新"，在路上看到谁家的牛粪好，乘人不备时拿上几块装进背篓里，并在此处撒些糌粑，祝那家人吉祥。然后再到泉水处汲水，向泉水献哈达、煨桑，往桑烟上撒糌粑，以谢神水。回家后，在请来的牛粪上贴上酥油花，称为"牛粪新"，放进牛棚里。再把取来的"水新"供奉在正屋护法神面前。民间认为如此这般便可招福纳祥，还可以防止新的一年中庄稼受霜、雹之灾。

　　在初一、十五祭神时，用烧得半透的牛粪作火引来煨桑，是为火种，表示吉祥。老人去世后，家人即可从售陶小贩处买一个小陶锅，用烧得半透的牛粪作火引，放在陶锅里，上面撒上糌粑、红糖、白糖、牛奶等三荤三素食品，将陶锅悬挂在家门口，一是报丧，二是让其始终冒烟，以为是死者的食物。直至七七四十九天，送至拉萨河，让其顺水向西飘去，祝福死者魂归西方极乐世界。

　　另外，据说在山南地区的一些地方，还有在藏历十二月二十九日吃"古突"用牛粪当馅讨运气的习俗，不过是否属实还有待考证。

　　在藏医中，有一种独特的嗅烟疗法，藏语叫"龙杜"，是将一种安神的藏药，撒在牛粪火灰上让其冒烟，让病人用鼻嗅，病人嗅到这种烟味，能起到镇定、安神的作用，疗效显著。

　　在西藏，牛粪饼可以作为商品在市场上出售，换回百姓家里的生活日用品（图137）。谁家的牛粪饼储存的多，说明这家人治家有方，是勤劳和富有的象征。

　　有时，牛粪偶尔能给勤劳、细心的人带来意想不到的巨大财富。经常捡拾牛粪和制作牛粪饼的人，在用脚踩匀牛粪做牛粪饼时，有时竟然会从中发现天珠。

　　天珠大多形成于田野或地洞中，有时被雨水冲刷露出地表，偶尔会被吃草的牦牛或其他牲畜吃进肚里，后随粪便排出。因此，西藏农区和牧区的人们都十分留意牲畜的粪便，希望能从中找到一颗天珠。③

民居墙上的手划纹和有道道手印的牛粪饼可谓是珠联璧合（图037～045），二者结合具有形式上的美感，情趣盎然并富有诗意。它能让艺术家、作家、诗人和喜欢雪域、热爱西藏的人浮想联翩，产生创作的灵感、激情和人生的感悟与信念，是高原独有的一道靓丽的人文智慧风景。

笔者调回内地后，每每梦游西藏：所到之地，总是那么的亲切熟悉，"雪域魂绕缠，牛粪薪火传"。

本段用了较长的篇幅来解读牛粪饼，是因为笔者相信，无论藏族还是其他民族，凡是热爱西藏，并在西藏长期生活、工作的人，都有一种热爱牛粪的情结。

3. 牦牛头骨

对于藏族为什么要将牦牛头骨安置在大门上方这个问题，笔者不用多说。

牦牛所具有的优秀品德代表了整个藏民族的民族精神。在西藏，把牦牛作为图腾加倍崇拜、敬仰是再自然不过的事情。牦牛的形象图案出现最早的是在古代的岩画里（图126～127）。供奉牦牛，其实质性的深刻内涵是在赞美和歌颂人类本身的自我实现价值。

从造型艺术的角度看，牦牛头的形状本来就美，它超凡脱俗的天生造型，给人以强烈的视觉和心灵震撼（图031、图034、图053、图057、图065、图068、图073、图105）。

牦牛头不仅是藏族供奉的圣物，也是藏族敬畏自然、尊重自然，相信万物有灵所献给自然和一切神灵的最高祭品。在西藏，凡是被藏族视为自然力统治、威慑的地方和有神灵居住的地方（高山峡谷、江河湖泊、草原森林、城镇社区），都有供奉神灵的简易祭坛，祭坛上虽有羊毛、线团、头发、朵玛、白石、嘛呢石刻等供品，但在祭坛最高处，敬献自然和留给神灵的主供品一定是牦牛的头骨（图128～132）。在西藏，凡是与人们衣食住行、精神信仰有关的重大事项和活动，在决策和实施之前，都要按照传统举行宗教仪式，仪式上都有牦牛的灵魂在现场保佑。

下面这个仪式是笔者所亲历的等级规格最高、最隆重的宗教仪式。现将这珍贵的史料和照片奉献给读者。

1989年10月11日（藏历土蛇年八月十一日），中午12时30分，这个日时是根据藏历天文历算推出的圆满大吉日时。举世瞩目的布达拉宫修缮工程开工典礼，在白宫的地下隐蔽工程，古建专家称之为"地垄"的一块狭小的空间里举行。自治区有关领导、有关部门的负责人和宗教界的著名高僧大德均参加了典礼。

布达拉宫金顶平台上的香炉燃烧着芳香馥郁的松柏枝（桑），香烟缭绕如云覆蔽。地垄墙上悬挂着驱魔轮唐卡，举"司巴火"进行动土安位仪式。祭桌上供佛祖像和汤东杰布塑像，并供奉经卷、宝塔、曼扎三宝依尊。陈设八种发光宝物和各种殊胜加持圣物：明镜、完整龟壳、哈喇骨壳、孔雀羽毛、刺猬、九眼净铠甲、藤鞭、斧钺、各色线团、五色绸筒、吉兆祥羊等。桌面下接地气的是硕大的白色野牦牛头颅标本（图150）。藏族相信，白牦牛具有超强的神力和无边的法力（图133）。

上师益西旺秋④引领众僧侣颂《文殊名号经》《星母经》《消除诸罪经》《显现天地八经》《清净金经》《财神福迪救护经》和《吉祥宝积经》等十多种经文，祈祷祝福（图149）。

下午二时整，根据宗教仪轨选出的生年吉祥、相貌端庄、身无残缺、父母健在的贤善上流后代——年满24岁的色拉寺僧人手握缠着哈达的铁镐、铁铲，面北祝词后，在牦牛头的前方挥镐破土，用铁铲铲土（图151~153）。动土仪式大吉。之后，参加开工典礼的全体人员排队从白宫地垄侧门进入，依次缓缓走近动土现场，在五谷斗（切玛）上取点糌粑撒向空中，祝福修缮工程顺利圆满。同日，布达拉宫白宫北侧地垄、平措堆朗（圆满汇集道）和红宫旺康楼门庭前石阶三项修缮工程开工。在整个仪式过程中，传说牦牛的灵魂都在现场保佑。

这一天，拉萨市民倾城而出，奔走相告，绕城转经，面向布达拉宫祈祷，大把大把的糌粑撒向碧蓝的天空，古城拉萨的气氛无比祥和。

以上不难看出，牦牛对于藏民族究竟意味着什么，承载着什么。

4.玛尼石刻和风马旗

民居大门上方安置的玛尼石刻（图079～080）和屋顶上安插的风马旗幡（图030～031），是两种西藏民间文化现象反映在民居上的表现，对于玛尼石刻和风马旗，专家和学者做过较多的研究和解读，这一类的文章资料也不少。笔者也曾在《西藏玛尼石艺术》和《西藏风马旗艺术》两本书中作了探讨。因有现成的东西，拿来摘引一下。

玛尼石刻是广泛流布于藏区民间的一种石刻艺术。一般是将佛教经文、六字真言及各种佛教图像镌刻于石板、石块或卵石上，大多堆放在玛尼石堆上，或立靠嵌砌于寺庙和殿堂的墙壁上，不少地方还修建有专门供奉玛尼石刻的建筑物，甚至还有用数千块玛尼石刻垒砌的极为壮观的玛尼墙。

玛尼石刻衍生于一种古老的玛尼石堆——灵石崇拜的祭坛。玛尼石堆的形成直接源于藏区原始的自然崇拜和万物有灵的观念。随着玛尼石堆的延续扩展，玛尼石刻艺术便应运而生。西藏本土早期的文化艺术形式大多与石头有着密切关系，如石器文化、巨石文化，古代岩画和石雕石兽等。根据西藏的民间传说，藏文美术一词的起源就与石刻绘画有联系。

石刻表现的内容极为丰富，大致可分为四大类，即：灵兽动物类；兽头人身神祇，后转化为护法神类；经文咒语、六字真言及其他符号类；佛、菩萨、高僧大德类。后两类属于佛教内容，是佛教文化传入藏地之后的产物。前两类则与早期苯教文明乃至更早一些的原始自然崇拜有关。

雕刻手法丰富多样，线刻、减底阳刻、浅浮雕、高浮雕、雕刻施彩，或纯以白描，或多种雕刻并用，灵活多变，极富创造性。地方特点鲜明，镌刻手法因地区不同而有所差异。按造型、手法特点大致分为三种类型，即：西藏东部地区的线刻；卫藏地区线面结合式的浅浮雕；西部阿里地区的卵石剔刻⑤。

风马旗，藏语叫"隆达"，汉语意译为风马旗，俗称经幡。

风马有三种寓意：首先是指人的气数、命运，或者特指五行；其次是指插在屋顶、房头、堤岸、山顶等象征命运的五彩旗帜；有时也等同于屋顶的祭神台或山顶的山神石垛。典型的风马旗是长方形或正方形的五彩布幡或纸幡。尺寸10～60厘米不等，图案由木刻版捺印，幡的五种颜色和上面描绘的五种动物分别代表金、木、水、火、土。中央的马代表土，描绘一匹奔驰的宝马，马背上驮有佛、法、僧三宝，是整个图案的中心。右上方的动物是鹰或大鹏鸟，下方是狮子；左上方的动物是天龙，下方是红虎。四种动物的五行寓意与汉地五行寓意相比，其阴阳属性已经有所变化，即藏族的一些民间信仰也融入其中。如汉地的龙属阳，风马藏龙却属阴，并以外来的阳性的白狮子取代作为土著神的阴性白牦牛。从面的角度分析，风马旗图案的左右、上下、交叉均可构成阴阳对应关系，风马图案实际上是一幅变化形态的太极图；从点的角度分析，五种风马动物之间遵循了五行元素的相生循环规律，以五行元素的循环往复表示生命的经久不衰。

风马幡大约形成于9世纪前后，最初是由绘有魂马图像的送魂幡旗演变而来，随着阴阳五行观念和内地的木板纸马传入西藏，逐渐形成绘有五种动物的风马幡。风马旗的应用在藏区各地不尽相同。卫藏农耕地区多在藏历新年初三在屋顶、村头插挂风马旗；藏东南林区多用印有佛经的长约丈余的宽幅布系在竖起的长杆上，五六个一簇，如同旗帜；藏北及甘青牧区多在每年藏历四月祭祀山神时将风马旗系在箭杆上插于石垛之上，或将印有群马图案的纸片在山顶抛撒，谓之放风马⑥。

玛尼石刻和风马旗是西藏地域特色鲜明的民间文化艺术形式。不难发现，二者在西藏总是形影不离，并相得益彰。它们的结合有着很深的历史渊源和厚重的文化内涵，有崇尚自然，与神灵沟通，镇魔驱邪的功能，担当起护佑一方水土的职责。它们的安置和摆放构成了连地接天的宏大气场，感染净化着每个人的心灵。

5.白石

民居院墙、房墙和大门上方安置摆放的白色石头，是一种非常古老的原始崇拜现象（图017、图018、图039、图044、图060、图062）。

白石崇拜习俗在西藏地区十分普遍，这种习俗是延续了原始文化之一的石文化遗俗。在世界范围内，对石头的崇拜，也是世界上原始社会阶段诸多部落和民族都曾经出现过的一种古文化现象。

为什么时至今日，在西藏，我们仍能看到这一古老的人类古文化遗存呢？

每年的藏历正月间，在拉萨河谷一带的农区，人们会根据当地的时令（初五、十六等传统日期），一大早就穿上早已备好的盛装，从"央岗"（吉祥箱）里取出白石，用藏毯包好扛在肩上，一路唱着祈神吉歌走向田地。因为，这一天是安放白石的日子。田地四周燃起桑枝，桑烟弥漫田野，袅袅升向天空。桑烟既为清除不洁之物，更是为了召唤天上主管农业的神灵和大地之神祇。白石安放好后，农民们赶着装饰华丽的牦牛，绕着白石犁出五道田垄，分别点种青稞、小麦、油菜和豌豆种子（图135）。据说这几种种子的青苗是献给"金石头妈妈"的供品。

这是农民们在祭祀白石期盼丰收的一个场景。

在青稞等庄稼收获的季节里，农民们聚集在田地边，按照习俗，一位德高望重的长辈手捧盛满青稞酒的木碗，对地里的白石高声吟唱："请喝吧，金石头妈妈！大雪小雪的冬天，你给我们守护田地，大雨小雨的夏天，你给我们守护庄稼……"。

这是农民们在祭祀白石、感恩丰收的一个场景。

专家说，这是白石崇拜中白石所具有的功能之一，白石在藏族农耕文明中是农业神。白石充当农业之神完成了一年的使命，由于它保护了庄稼的收成，于是就要享受人间的烟火和美酒。在整个冬天，"金石头妈妈"被农家人供在"央岗"里进行膜拜。

在拉萨、日喀则、山南地区和阿里的普兰县一带，以及四川的嘉戎藏区，农家的院墙、屋顶、大门和地上都放着白石。专家说，这是白石具有的另一种功能，主要充当着主管土地的角色，即土地神。

在藏族人的心目中认为白石是灵性之物，它具有保护人们吉祥平安和惩凶除恶，禳灾去祸的功能，充当着保护神的角色。这是白石的第三种功能。

屋顶上有白石，夜里魔鬼就不会进屋。小孩子生病，家长就问孩子在哪里受了惊，晚上就去那里捡一块白石，先在孩子怀里存放三天，然后将白石供在自家的房顶上，认为如此就可以驱鬼避邪。

藏区的十字路口和羊肠小道通过的山口，都有玛尼堆，堆上有白石块和风马旗。人们路过此地，都要口念咒语经文，祈求神灵的保护和上天的佑助。

此外，专家还说认为白石具有判断美丑、善恶、吉凶祸福的功用，是预兆未来光明与黑暗的灵验武器[⑦]。

其实，藏区的白石崇拜习俗不仅仅是对白色石头的一种崇拜，而是对所有与白色有关的自然和事物的喜爱。在藏族人的心目中，白色象征着纯洁、高尚和吉祥，是正义和善良的化身。我们要感谢藏民族保留了人类祖先的这一文化遗存，使我们把祖先崇拜石头的前世与今生串连了起来。

6.卐或卍字符

民居屋顶、墙上和大门上绘制的卐或卍字符（图021、图051、图053、图059、图071、图083），在西藏非常普及，不仅民居上有，这种字符还出现在寺庙、神山、转经路一侧的崖壁上以及西藏古老的岩画里。这两个字符很有意思，也很神秘。笔者第一次在西藏见到这种字符是在1983年底，虽记不得是在哪个寺庙里，但印象很深，因为那个字符很像德国纳粹旗帜上的符号。后来，在西藏跑的地方多了，见得多了，并通过学习请教，才渐渐知道了有关这种神秘字符的一些含义。

首先要澄清的是，这种字符不是纳粹独有的。它是人类文明进程中一个最古老、最常见的象征符号之一，是一个吉祥的符号。

接下来就是要知道这种字符怎么念，它的读音是什么，然后，再来了解它有什么象征意义。只有这样，才能弄明白为什么民居上要绘制这种符号图案。

在西藏，这种字符一个是顺时针旋转的"卐"字，另一个是逆时针旋转的"卍"字，这两个字符在西藏通称为"雍仲"。雍仲，是藏语的音译。

在汉地，北魏时，菩提流支在其所译《十地经纶》卷十二中将"卍"译作"万"字。唐代武则天称帝后，于长寿二年（公元693年），将"卍"指定为"万"字。而鸠摩罗什和玄奘则将此符号译作"德"，取万德庄严之意，强调佛的功德无量。唐慧琳《一切经音义》提出，应以"卍"为准。现在，这种字符在汉地的读音为"万"，是一种约定俗成的读音。

雍仲在梵文中意为"胸部的吉祥标志"，古时译为"吉祥云海相"，是释迦牟尼三十二相之一。在藏传佛教中，雍仲字符为"卐"字，是顺时针旋转的。在西藏的苯教中，雍仲字符为"卍"字，是逆时针旋转的，意义是"永生或不变"，也象征着雍仲苯教的兴起，苯教修持者在圣殿和圣地要逆时针方向进行转经。在金刚乘佛教中，逆时针的"卍"字符基本上象征着四大要素之一"地"及其不可摧毁的稳定性。在汉地，"卍"字是汉地佛教的字符，而"卐"字最初是道教永生的象征，代表世间万事。有趣的是，汉地佛教的"卍"字符与藏地古老宗教——苯教崇奉的"卍"字符号相一致。

事实上，在世界的每一个已知的古老文明和文化中都可以发现这种字符的形成过程，被认为是太阳或火的象征。在"西亚两河流域的美索不达米亚、古埃及、古印度以及古希腊文明中，均出现过类似的纹饰，至于大洋彼岸的北美印第安文化、中美洲玛雅文化里，也能看到类似雍仲的字符。至少出现于新石器时代早期的雍仲字符，不仅是人类最古老的原始图案之一，也是青铜时代乃至文明时代仍然经久不衰的吉祥图案。"⑧

"印度用它作为象征符号，可以追溯到印度河流域莫亨朱达罗（印度地名）哈拉帕古城（死亡之城）发掘出土的人工制品上。'卐'字符最初被认为是吠陀神毗湿奴的太阳象征物火轮或是毗湿奴独特的发旋或胸前徽相。在印度艺术中，佛陀是毗湿奴十大化身中的第九大化身，他的胸前常画有'卐'字符。"⑨

总之，对于西藏文化而言，无论是苯教文化时期，还是佛教文化时期，在以雍仲符号作为本宗教的符号标识这一点上，应该说并没有特别的区别，苯教与佛教标志的不同，只是符号旋转方向的不同，而它们的基本含义都代表着永固、永恒、不变、金刚、吉祥的意愿或祝福。无论如何，雍仲符号虽然经历了分化与变体，但它始终如一地存在于西藏文明及宗教之中的这一事实不曾改变。尽管这种符号很早就出现于世界上一些古老的文明之中，并相当普遍地成为世界许多地区早期吉祥符号之一，但能够长久地保持它不竭的生命力，能够如此长期地成为一种地区性文明的象征性符号，却是少而又少的，它似乎仅存在于西藏文化之中，深深根植于高原文化之沃土，在高原人的精神生活中扮演着重要的作用。⑩

7.蝎子图案

蝎子是一种节肢动物，口部两侧有一对螯，尾部有毒钩，用以捕食、防卫和御敌。

民居院墙上的蝎子图案其实是一种护居符（图049～052），防止家人、家畜受到瘟疫、毒物、窃贼等伤害，佑助家人身体健康，增加财富。

莲花生在西藏可谓是家喻户晓的一位道行很高、法力很大的降魔御敌大师，被认为是藏传佛教密宗初兴之时的大阿阇黎（规范师），开创了藏传佛教早期的宁玛派，是宁玛派的祖师。

公元8世纪，吐蕃佛教处于初传时期，寂护在藏传播佛教时受到了重重阻力，弘法很不顺利，建议赞普墀松德赞延请莲花生入藏。唐天宝十年（751）前后，莲花生入藏传播佛法，他以密宗法术一一收服了土著神祇，使这些土著神灵立誓护卫佛法。传说被他降伏的有雅拉香布山神、念青唐拉山神等许多的鬼怪神祇。此人遍参善知识，博学显密经教，人称释迦狮子或莲花王者。

莲花生大师还有一个称号是"蝎子大王"，在《莲花生大师传》里，描述了他从一只九头、十八钳、二十七只眼的巨蝎那里接受了《金刚橛法》的传承。因此，在早期藏传佛教宁玛派中，蝎子被视为金刚橛密法传承的象征。在密宗的法器里，有蝎子形象的法器，如天蝎柄剑、天蝎柄矛。护法的勇士挥舞剑、矛，代表他具有摧毁疾病和瘟疫的能力。

由此可见，民居院墙大门两侧绘制的蝎子图案很明显地具有防卫御敌、防灾减害、保佑平安的积极作用。

民居院墙上的蝎子图画，创作手法拙朴、大气，寥寥几笔就将蝎子的主要特征表现了出来，取舍有度，洗炼概括，既自然生动，又富有浪漫情趣，充分展现了民间艺术家洞察生活的功力和高超的艺术表现能力，是很有地域特色的民间美术佳作，如果展开想象飞翔的翅膀，那一定是护法神光临民居时留下的神来之笔。

8. 日月图案

太阳和月亮是人类共同崇拜的星象发光体，其作用是不言而喻的。西藏民居墙上和大门上绘制的日月图案，是星象符号（图040、图051、图053、图056、图057、图058、图067、图071、图072、图076）。在金刚乘佛教中，太阳和月亮是重要的星象象征。红色或金色太阳代表着阴性的智慧，而白色月亮代表着阳性的方法或慈悲。作为光源和光的反射物，太阳和月亮象征着绝对真理和相对真理、胜义谛和世俗谛的菩提心露。

日月图案在藏传佛教艺术中是最常见的星象符号，一般都描绘在画面主供佛的左右两侧或上部的天空上。

9. 朵玛、护符和灵器

民居院墙上绘制的朵玛供品有两种，一种是双线勾描的，一种是实心的红蓝两色三角形图案（图050、图059）。

朵玛，藏语音译，一种用糌粑面团捏制的象征性的供品。由于佛教强调不杀生并视万物为神圣不可侵犯的，因此，佛教严禁用动物作为供品，而寻求象征的模拟物替代动物供品。

朵玛的种类繁多，最常见的就是三角形塔状的朵玛，寺庙和民间的宗教仪式上都少不了它。这里首先要弄明白的是，糌粑制成的朵玛不仅是敬供给神灵吃的东西（供品），也是人间可以吃的食品（除非是在一些极特殊的仪式或场合下，如送鬼仪式）。这种糌粑制成的朵玛因寺庙宗教仪式规模的大小和民间（社区、家庭、个人）财力的悬殊，在糌粑制成的朵玛里加入的食用成分不同而有所不同。一般来讲，寺庙里做的供品好吃，这是由于寺庙有相当的地位、财力和举行仪式的规模以及凝聚四方的能力所致。寺庙制作的朵玛里面加入了上等的酥油、红糖、奶渣、蜂蜜、果品等食材，既是献给善相神灵的供品，又是一种美食（笔者在布达拉宫、大昭寺、甘丹寺等许多寺庙举行的宗教仪式上都曾吃过）。待宗教仪式结束后，分给前来参加的人们享用。

民居上绘制的朵玛供品，其含义是：由于神灵保护了家园，把美食供品献给你—— 神灵，祈望永远得到你的护佑。这实际上是情感和精神层面上的一种寄托。

民居大门上贴、钉的护符有两种，一种是纸面的（图066、图078），另一种为布面的（图060、图071、图077、图078、图083），两种质地的护符均是由木刻雕版印制而成。

在西藏，护符有很多种类，材料质地也各不相同，纸、布护符是其中的一类。在纸、布护符中，护符的图案、咒语等文字内容各有不同，要根据自家的实际需求到寺庙里去请。这种请回的护符由于得到了僧人们的念经和喇嘛的加持，在民间威信很高，被认为是法力强大的"圣物"，不仅能护居，也可护身，还可以护群体。那么，护符的作用是什么呢？它的作用有："保护生命、保护身体、增长权势、增长运气、增长魂命和除灾难。在除灾难里，它能消除年灾、消除磨难、消除恶兆、消除夭折鬼、保护小儿，消除牲畜所受灾害、消除男子因男运未摄授与女子因女运未摄受所造成的损害，消除破败魔障、消除女鬼造成的损害、消除大传染病等一切不吉利"。[11]

总之，护符在西藏的用途极为广泛，能消除一切灾难和恶运。

灵器是朵玛的另一个种类，也叫"十字网纹灵器"、"十字网格灵器"或"幻网"。但它绝不是一般意义上的普通朵玛，而是一种制作工艺复杂、级别较高、具有深层次宗教象征意义的法器，它有一个固定的专业名称叫"垛"。

"垛"是什么样子的灵器呢？

垛是什么人发明和在什么时间出现的，已无从考证。但可以肯定的是它是人们在自然界中，从动物生存的现象中得到启示而创作出来的。这个动物就是蜘蛛，这个网就是蜘蛛织成的捕获飞虫的网。

垛由木杆或竹竿扎成的菱形十字架组成，在菱形的十字架上用五色或更多的彩色毛线或丝线（红绿蓝白黄黑等）缠出一个复杂的菱形网格，做好的垛看起来就像一张巨大的蜘蛛网（图084～086）。在宗教仪式中，巫师把垛作为引诱鬼怪精灵进入的笼子，待鬼怪进入后被线织的幻网缠住，仪式进行完后，将其毁掉焚烧。据专家说，垛原先是在西藏民间宗教巫术中使用的，后由宁玛派法师引入佛教仪轨。作为一种保护装置，灵器常矗立在居所（图083）或寺庙的大门上方，以诱惑并缠住出没在这些建筑物里的游魂恶鬼。

10.海螺和宝瓶

民居大门上绘制的海螺（图076）和宝瓶（图057～058）都是具有象征意义的吉祥图案。海螺和宝瓶是佛教八宝之中的两个宝物，也是佛教的法器。海螺吉祥的号声可以驱除邪恶精灵，使人避开自然灾祸并恫吓一切有害生灵。宝瓶象征着吉祥、清净和财运，又是财神、财富的象征，俱宝无漏、福智圆满，无论从瓶中取出多少珠宝，瓶内永远都珠宝满盈。

11. 朗久旺丹图符

朗久旺丹是藏语音译，意译为"十相自在图"或"十相图"。在藏传佛教里，十相自在图是一幅极具神秘力量的图符，它由七个梵文字母加上日、月、焰舌共十个符号组成。这种图符在西藏十分普及，随处可见。

十相自在意为寿命自在、心自在、愿自在、业自在、受生自在、解自在、神力自在、资具自在、法自在、智自在。令东、南、西、北、东南、西南、西北、东北、上下等十方与年、月、日、时等时辰所组合的时空宇宙世界一切自在，令具信者免除刀兵、疾疫、饿馑及水、火、风等灾难，使所在之处吉祥圆满、眷属和睦、身心安康、去处通达、所求如愿。

十相自在图符具有极强的避灾能力，可以驱赶各种毒力的攻击。民居大门上粘贴或绘制朗久旺丹的主要用意是保护家族、家人的平安健康（图070）。

12. 门窗上的其他装饰

藏式民居建筑注重对门窗的装饰，除了上述在门面上绘制、粘贴吉祥图案和避邪护符以外，门、窗上檐一般出挑凸出于门窗前，用红白黑或红绿蓝彩条装饰。大门多为单扇，漆成朱红或黑色，窗户多为田字形方窗，门边、窗边涂黑色宽大边框，形似牛角，寓意也为"牛角"（图057、图060、图075、图087、图088、图089）。这种简单的黑色边框不仅加大了门窗的尺度，还与建筑向上收分相呼应，从装饰效果上看，大气、稳重、庄严。此外，还用上部为红黄蓝三色，下部为白色并折成一道道成褶的长条香布悬挂、装饰在门窗上，风吹过来，香布飘然撩起，好似大海中接二连三的波浪，一浪漫过一浪，一层漫过一层，循环往复，尽显节奏的韵律和美感。

13. 白粉地画

白粉地画是用白色粉末在自家门前的地上绘制寓意吉祥的各种图案。这种在大地上作画的行为艺术如同喜欢书法的人在地上练字一样，虽不能长久地留住，倒也不失为装点民居，增添喜庆、吉祥氛围的一种独特的美术现象。因此，说藏族人人都是民间艺术家一点也不过分。

民居落成及新屋安顿妥当后，主家要根据经济条件择吉日举行庆祝仪式，一般为3～5天。仪式中最具有特点的一项，也是高潮的部分叫"卓桑"，意为"结束时煨桑"。举行前，艺术家胸有成竹，根据地面的大小，手抓白粉，弯腰并在脚步移动的同时画出各种吉祥图案，中间置一堆燃桑用的柏枝。主人向客人献哈达，敬"切玛"（五谷斗）。客人们抓一些糌粑在手里，围成一圈。这时点燃桑烟，在一阵高亢的颂词声中，众人把糌粑撒向空中，仪式圆满结束。

白粉地画不只在民居落成庆祝时绘制，在西藏，每逢喜庆节日或重要活动，如藏历新年、青年男女结婚（图090）、社区乡村里的大事（图091）、寺庙修缮以及宗教活动等都要绘制，有的还用红、白两色双线绘制（图110、图115），以示庄重。参加活动的人们从这些图案上走过，喜气洋洋，吉祥如意。

笔者曾两次在藏历新年时，到拉萨市城关区所辖居委会的民居中拍照、感受、欣赏这种大地艺术独有的魅力以及所带来的精神愉悦。白粉地画的图案内容主要有吉祥八宝图（可组合，也可取其部分）、"卍"或"卐"字符、日月、花草纹饰和六字真言吉语文字等（图092～114）。

白粉地画不常绘制，一旦画出，它便要与民居建筑装饰遥相呼应，相得益彰，和谐统一。

（三）走进民居——色彩斑斓的缤纷世界

与屋外简单的色彩装饰效果不同，改革开放前，在人们还不富裕的情况下，城镇中的中等收入家庭和农村自然条件较好，经济收入较好的人家里，室内五颜六色的装饰以及家具已经让人眼界大开，心生感慨了。改革开放后，逐步富裕起来的人们在住房条件得到有效地改善后，开始注重家里的装饰，大有将世上一切色彩都收为己用的决心。装饰色彩之绚丽，图案内容之丰富让人目不暇接、眼花缭乱，仿佛进入了一个色彩斑斓的缤纷世界（图116）。

藏族家庭里面的装饰和摆设主要体现在客厅、卧室、佛堂、厨房和家具等。在以前，客厅和卧室有时是通用的。具体到装饰，则有内墙壁画、雕梁画栋、佛堂陈设、家具装饰和厨房糌粑点粉画。

1. 内墙壁画

进入民居大门，大门内侧廊道左右两边的墙壁上绘制有"蒙人驭虎图"和"财神牵象图"。

蒙人驭虎图画面描绘的是一位蒙古族装束的勇士用铁链牵着一只老虎，正在训导。民间认为此图可以防瘟疫。还有一种说法是，勇士象征观音菩萨，铁链象征金刚手菩萨，猛虎象征文殊菩萨。至于哪种说法更贴切，已不重要。此图的最大看点在于，图画中的勇士和猛虎要面向门外，表示祛除一切灾祸、障碍，把一切晦气拒之门外，永绝不祥。

财神牵象图画面描绘的是一名婆罗门装束的行脚僧牵着一头驮着满载奇珍异宝的大象，象征招财进宝。此图的最大看点在于，图画中的牵象人和大象要面向屋里，强调一个"进"，否则变成了资财外泄。

需要说明的是，这两幅图是藏传佛教传统艺术中的一对图像。过去只出现在寺庙、贵族和有身份地位的人家里。如今时代不同了，这种象征禳灾纳祥、招财进宝的图像被请进了新民居，除了其象征意义外，还为民居装饰增添了浓厚的民族特色。

拉萨地区民居屋里内墙传统的装饰是，在墙壁四周的上方涂红、绿、黑三色竖条纹，并在这种色彩鲜艳、对比强烈的条纹上绘制各种传统图案。内容包罗万象，有十相自在图、吉祥八宝图（白伞、金鱼、宝瓶、妙莲、海螺、吉祥结、胜利幢、金轮）、八瑞物图（宝镜、黄丹、酸奶、长寿茅草、木瓜、海螺、朱砂、芥子）、七政宝图（金轮宝、神珠宝、玉女宝、主藏臣宝、白象宝、绀马宝、将军宝）、六长寿图（寿星老、树、岩石、河流、禽鸟、长寿鹿）、五妙欲图（色、声、香、味、触）和气四瑞图（大象、猴子、兔子、鹧鸪）、祥瑞飞禽灵兽图、植物果实图、日月山水云火图、花草几何边饰图案等。现在的新民居里则出现了上、下为各种花边条饰，中间除了绘制传统图案外，还新增加了历史人物、十八罗汉、西藏的风光和寺庙建筑以及祖国各地的风景名胜等内容。既有民族特色，又体现出民族大团结，其乐融融的美好意境。

2.雕梁画栋

梁柱在藏式民居建筑中的重要作用不言而喻。梁柱位置显眼，不装点好看是不行的。至于怎样装饰，只要看看寺庙里的梁柱就行了。其实，民居屋里的梁柱装饰与寺庙里的梁柱装饰没有大的区别，从布局结构到色彩运用到图案内容基本相同。有所差别的是，寺庙的柱子多采用浮雕制作，雕刻复杂繁缛，图案内容宗教味较浓，民居的柱子，多为平面彩绘，色彩鲜艳明快，图案内容更自然、生活气息较浓（图117）。这里就不再赘述了。

3.佛堂

藏族基本上全民信教，民居屋里自然少不了佛堂，佛堂为家里的一间小佛室，是家庭佛事的场所。里面重要的物件为佛龛，置于藏柜上，龛里供奉各种材质的佛像。龛前摆放着食品、水果、净水、香炉、酥油灯等佛事用品。墙上悬挂多幅唐卡。

4.家具装饰

藏式家具主要有：藏柜、藏桌（有高低之分）、书柜、椅榻等。装饰内容如上述，皆满物施彩，不留死角。

5.糌粑点粉画

从色彩斑斓的居室中出来，我们又走进藏家厨房，扑面而来的是酥油茶的香味儿。环顾四周，眼睛一亮，那用点点糌粑在被烟火熏黑的墙上和梁柱上，用手指摁上去的糌粑点粉画，尽管只有一种颜色，内容单纯，有青稞酒、酥油茶壶，果盘供品、日月、雍仲符号、蝎子、花草、回字纹和藏文吉语等图案文字（图118～125），却给人以纯真质朴的亲切感受。

厨房灶台墙上绘制的蝎子象征的是灶神（图120），平时祭供这位专司饮食的神仙，表达了人们感恩的虔诚之心。

可以看的出来，在厨房里点绘这些图案和文字的民间艺术家，当时创作的心情是很轻松、平和而且愉快的。笔者猜想，那是在家人的一片笑声中，以浪漫主义的情趣及表现手法完成的，实在令人感动。

与民居厨房糌粑点粉画截然不同的是用硬币装饰的图案。这种图案，笔者在扎什伦布寺一些殿堂大门两侧的墙面上见过，是在很多硬币的一面抹上一点酥油贴在墙上，组成一幅由硬币构成的宗教图案。很有意思，民居用糌粑，大寺用钱币，每次去该寺，这种硬币图案都有一些变化，是一种比较独特的现象（图141～145）。

以上是西藏民居装饰全部内容，我们从远望、近看直到走进民居，全方位的了解了民居装饰内容的含义和象征意义，欣赏了古朴大气的民间美术作品，也感受和体会到藏族的生存智慧，以及对美好生活的向往与追求。

民居是人们生活休息的居所，它承载着藏族生活文化与宗教信仰的全部内容。西藏民居亲近自然，处处体现着人情的温暖与关怀。西藏民居装饰艺术就是雪域藏族平淡、朴素和有信仰的生活本身。千百年来，这种生活始终踏着自己不变的脚步向前。

因此，藏族传统民居及装饰之美，是藏民用香喷喷的酥油茶打出来的，用醇厚浓烈的青稞酒佳酿出来的，是从高亢苍悲，余音绕梁的天籁歌声中飘出来的，是从踏地有声，坚定欢快的舞蹈中踢踏出来的。总之，它是从自然中成长出来的，与天地共生，是雪域地理、地貌的一部分。

三、民居装饰的风格特色

西藏民居装饰的风格特色概括起来，主要有三个方面的显著特点。

第一，一方自然环境造就了一方民居的建筑装饰，从装饰效果上看，体现出民居与自然环境的关系，即地域风格特色。

第二，是藏传佛教寺庙建筑装饰影响着一方民居的装饰，从装饰内容上看，体现出民居装饰与宗教信仰和精神层面上的关系，即宗教风格特色。

第三，是喜好红、白、黑、黄、绿、蓝这些纯度很高、反差很大、对比强烈的色彩和传统的审美观念、情趣作用于民居的装饰，从装饰色彩的运用和表现形式上看，体现出装饰与色彩的关系，即色彩风格特色。

藏式建筑虽"屋皆平顶"，但"藏式范儿"的建筑装饰绝非千居一面，综观西藏民居装饰，之所以形成独具特色的民族风格，笔者以为其根本原因亦有三方面：一是民居建筑材料取法自然。二是民居装饰效法自然。三是人民生活顺其自然。

（本书图片除署名外全部由作者拍摄提供）

注释

①白玛草：白玛草为藏语音译，也译为"边玛草"。它是一种学名叫"柽柳"的高原落叶灌木或小乔木，老枝呈红色，也叫"红柳"。

在西藏，据说白玛草春天生长的嫩枝和绿叶能治疗风湿病，使很多人摆脱了病痛的折磨。因此，藏族老百姓又亲切地称它为"观音柳"或"菩萨树"。

作为建筑材料的白玛草"早在吐蕃时期的夯土墙内已经得到合理的应用。根据对大昭寺维修、扩建史料的分析，藏式屋顶周围的柽柳墙最迟似不应晚于公元14世纪就已经出现了。"

白玛草作为建筑材料用于寺庙和宫殿墙体的砌筑方法是：将白玛草柳枝条去皮晒干，切成30～40厘米长短，用湿牛皮绳捆扎成手臂粗细，大头齐整的一股股小束，砌筑时，一层一层上下用木钉固定，中间用粘土夯实，重复砌筑，到了顶部时为防止雨水，保护墙体，要用盖顶的木椽、石板和阿嘎土墙帽封檐，最后在齐整的墙面涂刷土红颜色。白玛草墙的内侧为块石垒砌，加上外侧的白玛草，墙体的总厚度可达60～80厘米。

白玛草墙的砌筑装饰和金顶建筑一样被视为权力、地位和等级的象征。以过去西藏的庄园为例，"根据对山南地区一些庄园建筑的调查，人们发现白玛草墙在庄园建筑上的使用有着严格的规定。如商人和没有官职的领主的宅院、附属某个大庄园和寺院的庄园都不允许装饰白玛草墙；受宗政府或大寺院直接领导的庄园可以设一层白玛草；内设监狱、有权过问当地政务的大庄园允许设二层白玛草；噶厦地方政府的庄园可设三层白玛草。"

在西藏寺庙、宫殿的建筑中，白玛草墙砌筑面积最大，装饰质量最好的是布达拉宫。因为"布达拉宫地位显赫，所以宫内建筑绝大部分都有白玛草檐墙，甚至登山道路外侧的马牙墙也使用了白玛草。红宫东侧的白玛草檐墙高达6.4米，共分四层，也就是说整个红宫都包裹在白玛草墙之内，白宫的白玛草墙也有4.5米高。"

白玛草墙不仅仅是权力、地位、等级的象征，作为一种实用的装饰，它在建筑上还有一个重要的作用是减轻墙体顶部的重量，并能防潮、透气，对高层的藏式建筑有着很好的保护作用（笔者根据有关资料注释）。

②唐东杰布（1385～1464）：藏传佛教噶举派僧人，藏族地区家喻户晓的人物，被奉为藏戏和修建桥梁的铁木工匠的鼻祖，是藏族人民心目中智慧和力量的化身。

③参见〔英〕罗伯特·比尔著，向红笳译《藏传佛教象征符号与器物图解》，第203页，中国藏学出版社，2007年版。〔奥地利〕勒内·德·内贝斯基·沃杰科维茨著，谢继胜译《西藏的神灵和鬼怪》（下），第396页，西藏人民出版社，1993年版。

④益西旺秋（1928～1997）：一代佛教大师，出生于云南，15岁到西藏拉萨色拉寺学经，四年后闭关修行得正果。1985年考取佛教最高学位拉然巴格西，1987年参加藏学研究院筹备工作。一生经历坎坷，佛学著作丰厚。

⑤⑥参见王尧、陈庆英主编《西藏历史文化辞典》，第83页、84页、168页，西藏人民出版社、浙江人民出版社，1998年版。

⑦参见《西藏研究》1990年，第1期，第139～141页。

⑧⑩资料来源：中国西藏新闻网，《青藏高原上古老神秘的"卍"》，作者不详。

⑨参见〔英〕罗伯特·比尔著，向红笳译《藏传佛教象征符号与器物图解》，第104页、105页，中国藏学出版社，2007年版。

⑪才让著《藏传佛教信仰与民俗》，第266～267页，民族出版社，1999年版。

参考书目及资料

1. 王尧、陈庆英主编《西藏历史文化辞典》，西藏人民出版社、浙江人民出版社，1998年版。

2. 丹珠昂奔、周润年、莫福山、李双剑主编《藏族大辞典》，甘肃人民出版社，2003年版。

3. 张鹰主编《人文西藏—传统建筑》，上海人民出版社，2009年版。

4. 张宗显《西藏的牛粪火俗》（《中国西藏》，2004年第2期）。

5. 林继富《藏族白石崇拜探微》（《西藏研究》1990年第1期）。

6. 〔英〕罗伯特·比尔著，向红笳译《藏传佛教象征符号与器物图解》，中国藏学出版社，2007年版。

7. 〔奥地利〕勒内·德·内贝斯基·沃杰科维茨著，谢继胜译《西藏的神灵和鬼怪》（下），西藏人民出版社，1993年版。

8. 仁青巴珠编著《藏族传统装饰艺术》，西藏人民出版社，2005年版。

9. 才让著《藏传佛教信仰与民俗》，第266-267页，民族出版社，1999年版。

西藏民居装饰艺术·图版

西藏民间艺术书系

西藏民居装饰艺术

图001　喜马拉雅山脉北麓岗巴县民居。1994年4月摄

图004　喜马拉雅山脉中段北麓定日县民居。
1994年4月摄

图002　喜马拉雅山脉北麓定结县民居。1994年4月摄

图003　念青唐古拉山西部，日喀则地区中部拉孜县民居。　1997年7月摄

图005　雅鲁藏布江中游北岸尼木县民居。　2006年6月摄

图006　喜马拉雅山脉中段北麓，山南地区浪卡子县民居。2000年6月摄

图007　喜马拉雅山脉北麓，山南地区　　　　　　　图008　山南地区措美县猫教寺建筑装饰。　1986年冬季摄
　　　措美县猫教寺下方的民居。
　　　　　1986年冬季摄

图009　猫教寺附近民居建筑上瓦灰色的墙门窗装饰与寺庙建筑装饰相一致。1986年冬季摄

图010　牛圈里的湿牛粪被居民随手拣起，拍成牛粪饼贴到圈墙上。　1986年冬季摄

图011　民居院里晒太阳的家人。　1986年冬季摄

图012　冈底斯山南部，雅鲁藏布江中游，山南地区乃东县昂久贡布寺下方的民居建筑。
1989年1月摄

图013　布达拉宫金顶建筑群一角下方的民居。　1994年3月摄

西藏民间艺术书系

西藏民居装饰艺术

图014　布达拉宫下的原雪居委会民居。　1995年3月摄

图015　雪居委会民居在拆迁过程中，一位原住户的老人在祈祷。1995年4月

图016　日喀则地区中部，雅鲁藏布江南岸，萨迦县民居，民居建筑装饰受萨迦派寺庙建筑
　　　　装饰影响。　1994年4月摄

图017

图018

图019　日喀则地区中部，念青唐古拉山西部拉孜县民居，墙上码放整齐的牛粪饼和白色石头，看上去就像寺
　　　　庙绒绒的白玛草墙装饰。　2000年6月摄

图020　日喀则地区南部，喜马拉雅山与拉轨岗日山之间聂拉木县民居。　1997年7月摄

图021　从山上俯看山南地区乃东县乃东村民居。
1989年1月摄

图022　乃东村民居屋顶上绘制的
"卐"字符号和日月图案。

图023 山南地区北部，冈底斯山南麓，雅鲁藏布江中游地段，桑日县民居。 1988年摄

图024 拉萨河下游，雅鲁藏布江中游北岸曲水县民居。 2010年6月摄

图025　拉萨河下游，雅鲁藏布江中游北岸曲水县民居。 2010年6月摄

图026　浪卡子县民居。 2010年6月摄

图027　浪卡子县民居。　2010年6月摄

图028　那曲地区东部，唐古拉山和念青唐古拉山之间，怒江上游流域比如县民居。　1989年摄

西藏民间艺术术书系

西藏民居装饰艺术

图029　阿里地区南部，喜马拉雅山脉南侧峡谷地带普兰县民居。　2000年摄

图030　拉萨河中游达孜县民居
屋顶上的风马旗。　1989年摄

图031　拉萨河中上游，墨竹工卡县民居屋顶上的牛头、风马旗、牛粪饼和煨桑的松枝。　1986年摄

图033　拉萨市城关区民居。　1995年3月摄

图032　拉萨市城关区民居。　1995年3月摄

图035 拉萨郊区民居墙上已经完工的手划纹装饰。
1995年3月摄

图036 拉萨郊区民居墙上已经完工的手划纹装饰。
1995年3月摄

图034 拉萨市城关区新建民居，墙面上的手划纹还没有被浇泼上白灰。 1995年3月摄

图037　手划纹与牛粪饼的搭配很有形式上的美感。　1995年3月摄

图038　拉萨郊区民居院墙上的牛粪饼。
1995年3月摄

图039 拉萨郊区民居院墙上的牛粪饼。
1995年3月摄

图040 墨竹工卡县民居墙上的牛粪饼。 1986年夏季摄

西藏民间艺术书系

西藏民居装饰艺术

图041　措美县民居墙上的牛粪饼。　1986年冬季摄

图042　聂拉木县民居墙上的牛粪饼。　1997年7月摄

西藏民间艺术书系

西藏民居装饰艺术

图043　牛粪饼墙面下休闲的老人。　1997年7月摄

图044　聂拉木县城新落成的民房，与老旧的院门上面贴满的牛粪饼形成了强烈的对比。

图045　日喀则市郊新落成的民居墙上的牛粪饼。　2010年6月摄

图046　冈底斯山和念青唐古拉山地带，当雄县宁中乡牧区的牛羊圈。1998年4月摄

图047　当雄县宁中乡牧区清晨，在牛圈里拣牛粪的妇女。　1998年4月摄

图048　当雄县牧区牛粪垛前的藏族小女孩。1998年4月摄

图049　日喀则民居院墙上绘制的保护居住地和家人的蝎子。　2010年6月摄

图050　雅鲁藏布江南岸，年楚河中游，日喀则地区白朗县民居院
墙上绘制的蝎子和朵玛供品图案。　1994年4月摄

图051　民居院墙上绘制的蝎子。选自《西藏艺术——民间工艺卷》

图052　民居院墙上绘制的蝎子。选自《西藏艺术——民间工艺卷》

图053 雅鲁藏布江中游河谷地带，贡嘎县民居院墙上绘制的日月图案和佛教"卐"字符号。 1995年5月摄

图054 措美县民居的门墙。 1986年冬季摄

图055 措美县民居的窗墙。 1986年冬季摄

图059 普兰县多由乡民居大门上绘制的"卍"字符号。2000年10月摄

图058 定日县民居大门上绘制的日月
和宝瓶图案。 1986年冬季摄

图057 定日县民居大门上装饰的日月、
宝瓶和饕餮纹图案，门上方的
牦牛头骨上立一块白石。
1994年4月摄

图056 定日县民居大门上绘制的日月图案，门上方安置牦牛头骨，
头骨上压一坨牛粪。 1994年4月摄

图060　普兰县民居大门上的护符，门上方安放玛尼石刻和白石。1992年7月摄

图061　普兰县科加乡民居的门窗。1992年7月摄

图064　普兰县科加村民居的门窗。
1992年8月摄

图062　普兰县多由乡民居大门上安置的牦牛头、玛尼石刻、白石。
门前是这家的老阿妈。2000年10月摄

图063　普兰县希尔瓦村民居的门窗。
1992年7月摄

图065　浪卡子县民居大门上方安置的牦牛头、白石和及绘制的各种吉祥图案，以及连接墙拐角处的"回"字纹。

2010年6月摄

图066　雅鲁藏布江中游，拉萨河南拐弯处及其支流堆龙河两岸，堆龙德庆县民居门面上贴的御邪符。2010年6月摄

图069　拉萨郊区民居大门装饰。
　　　　2000年10月摄

图068　拉萨郊区民居大门上安放的牛头骨。2000年10月摄

图067　雅鲁藏布江北岸，拉萨河下游，
　　　　曲水县俊巴渔村民居大门上绘
　　　　制的日月图案。1997年10月摄

图072　拉萨郊区民居大门上绘制的日月、火焰纹图案。2000年10月摄

图070　拉萨郊区民居门面贴的朗久旺丹图案。　　图073　拉萨郊区民居大门上方安置的牦牛头。
　　　　　　2000年10月摄　　　　　　　　　　　　　　　2000年10月摄

图071　拉萨郊区民居门大上绘制的日月
　　　　图案和"卐"字符号及经文护符。
　　　　　　　　　　　　2000年10月摄

图074　日喀则新民居大门装饰。2010年6月摄　　　　图075　日喀则新民居窗户装饰。2010年6月摄

图080　墨竹工卡县民居大门上方安置的玛尼石刻护法神像。1986年8月摄

图079　墨竹工卡县民居大门上方
安置的彩绘玛尼石刻佛像。
1986年8月摄

图076　念青唐古拉山南麓，雅鲁藏布江以北，
尼洋河中上游，林芝地区工布江达县，
巴松贡巴寺附近民居大门上绘制的日
月、海螺、羊头图案。1998年8月摄

图081 普兰县民居院外的玛尼石刻墙。2000年10月摄

图078 桑日县民居大门上贴的护符。1988年摄

图077 雅鲁藏布江岸北，尼洋河下游，林芝县新民居家庭接待游客房间门上贴的护符。1998年8月摄

图084　楚布寺僧人在密宗护法神殿内，用各色
　　　　毛线制作灵器。1996年6月摄

图085　制作完毕的灵器悬挂在楚布寺密宗护
　　　　法神殿内。1996年6月摄

图086　制作完毕的灵器悬挂在楚布寺密宗护
　　　　法神殿内。1996年6月摄

图083　年楚河上游，日喀则地区江孜县民居大门上绘制的日月图案
　　　　字符号，贴挂护符及门上方安置的羊头、灵器和玛尼石刻。
　　　　1994年4月摄

图082　普兰县民居院旁硕大的石头上刻有六字真言咒语。　1992年7月摄

图089　拉萨城关区新民居的窗户。2000年9月摄

图091　拉萨俊巴渔村为庆祝文化活动室竣工使用举行典礼仪式，广场地面绘制的吉祥八宝图蔚为壮观。1997年10月摄

图090　拉萨一户人家为孩子举办婚礼，正在门前
地上绘制吉祥图案。1995年5月摄

图092　藏历新年时，拉萨城关区民居门前绘制的宝瓶、
双鱼、法轮图案。1995年3月2日摄

图093 藏历新年时，城关区民居门前
绘制的日月供品、卷草纹图案。
1995年3月2日摄

087 拉萨八廓街附近新民居的窗户。2000年9月摄

图088 拉萨八廓街附近新民居的窗户。
2000年9月摄

图097　藏历新年时，城关区民居门前绘制的雍仲、日月图案。
　　　　1995年3月2日摄

图096　藏历新年时，城关区当巴居委会民居门前绘
　　　　制的莲花日月雍仲图案。1997年2月8日摄

图098　藏历新年时，城关区当巴居委会民居门前绘
　　　　制的法轮、雍仲图案。1997年2月8日摄

图095　藏历新年时，城关区某居委会门前绘制的雍仲、
　　　　莲花、宝瓶图案。1995年3月2日摄

图094　藏历新年时，城关区民居门前绘制的雍仲、莲花图案。
　　　　1995年3月2日摄

图099　藏历新年时，城关区当巴居委会民居门前
　　　　绘制的雍仲等图案。1997年2月8日摄

图100　藏历新年时，城关区民居门前绘制的雍仲、
　　　莲花图案。1995年3月2日摄

图102　藏历新年时，城关区民居门前绘制的雍仲、
　　　莲花等图案。1995年3月2日摄

图101　藏历新年时，城关区当巴居委会民居门前绘制的雍仲、海螺图案。1997年2月8日摄

图103　藏历新年时，城关区民居门前绘制的雍仲、莲花图案。1995年3月2日摄

图104　藏历新年时，城关区民居门前绘制的
雍仲日月图案。1995年3月2日摄

图105　藏历新年时，城关区民居门前绘制的雍仲符号。
　　　　1995年3月2日摄

图106　藏历新年时，城关区民居门前绘制的雍仲符号。
　　　　1995年3月2日摄

图107 藏历新年时，城关区民居门前绘制的雍仲符号。1995年3月2日摄

图108 藏历新年时，城关区当巴居委会民居门前绘制的雍仲符号。1997年2月8日摄

西藏民间艺术书系

西藏民居装饰艺术

图110　藏历新年时，城关区当巴居委会民居门前
　　　　双色绘制的雍仲符号。1997年2月8日摄

图109　藏历新年时，城关区民居门前绘制的
　　　　雍仲符号。1995年3月2日摄

图111　藏历新年时，城关区民居门前绘制的
　　　　双鱼图案。1995年3月2日摄

图112　藏历新年时，城关区民居门前绘制的
　　　　坛城图案。1995年3月2日摄

图114　藏历新年时，拉萨城关区的一户人家端着"切玛"
　　　　提着青稞酒壶走亲访友。1995年3月2日摄

图113　藏历新年时，城关区民居门前绘制的雍仲、
　　　　吉祥结和祝福文字。1995年3月2日摄

76

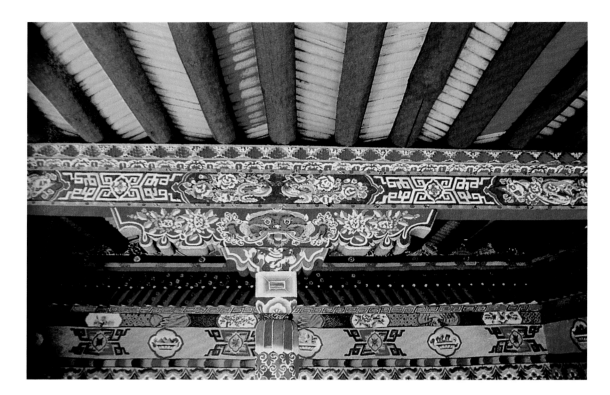

图117　新民居室内墙壁及梁柱装饰。选自《传统建筑》（人文西藏）

图116　拉萨新民居客厅梁柱及室内装饰。选自《藏族传统装饰艺术》

图115　扎什伦布寺里绘制的双色
莲花图案。2010年6月摄

图118　林芝地区民居厨房墙上的糌粑
点粉画。1998年8月摄

图119　糌粑点粉画完整图。1998年8月摄

图122　拉萨羊八井附近民居厨房内的日月图案和
　　　　文字。1998年3月摄

图120　民居厨房墙内用糌粑绘制的蝎子和供品，蝎子是
　　　　灶神的象征。选自《西藏》画册

图121　民居厨房墙上用糌粑点画的酥油茶壶和
　　　　果盘。选自《西藏艺术-工艺卷》

图123　岗巴县曲典尼玛尼姑庵厨房内的尼姑及墙上的长城图案纹饰。1994年4月

图124　曲典尼玛尼姑庵厨房墙上用糌粑点画的
　　　　各种图案。1994年4月摄

图126　阿里地区日土县岩画中的牦牛形象。1997年7月摄

图127　阿里地区日土县岩画中的牦牛形象。1997年7月摄

图125　日喀则地区日布寺墙上用糌粑点绘的朵玛图案。1994年4月摄

图128　日喀则地区通拉山口玛尼堆上的牦牛头骨祭品。1996年4月摄

图130　当雄县纳木错湖岸玛尼堆上的牦牛头骨祭品。1992年夏季摄

图131　祭圣湖纳木错。1992年夏季摄

图129　阿里地区普兰县玛尼墙上的牦牛头骨祭品。
　　　　1992年7月摄

图132　祭圣湖纳木错。1992年夏季摄

图133　白牦牛。2010年6月摄

图13　农家妇女用牛粪火煮茶汤。1994年5月摄

图135　拉萨白定县开犁仪式。1995年3月17日（藏历木猪年1月16日）摄

图136　田间地头的午饭。1994年4月摄

图137　那曲地区农牧产品交易。1989年8月摄

图139　平顶建筑屋顶的施工，打"阿嘎"土。
　　　　1997年夏季摄

图138　藏历新年来临前，拉萨市民在集市上
　　　　购买"香布"。1996年2月摄

图140　色拉寺黄房子上的"手划纹"。2010年6月摄

图141　扎什伦布寺殿堂大门两侧的钱币装饰图案。
　　　1997年7月摄

图142　扎什伦布寺殿堂大门两侧的钱币装饰图案。
　　　1997年7月摄

图143　扎什伦布寺殿堂墙壁上的钱币装饰图案。2010年6月摄

图144　扎什伦布寺殿堂墙壁上的钱币装饰图案。2010年6月摄

图146　布达拉宫金顶和白玛草墙建筑装饰。1989年夏季摄

图147　布达拉宫的白玛草墙建筑装饰。
1989年夏季摄

图145 扎什伦布寺殿堂墙壁上的钱币装饰图案。2010年6月摄

图148 扎什伦布寺白玛草墙建筑装饰。1998年5月摄

图150　白牦牛头颅标本。1989年10月11日摄

图149　颂经祈祷祝福。1989年10月11日摄

图151　动土仪式场景之一。

图152　动土仪式场景之二。

图153　动土仪式场景之三。
　　　　1989年10月11日摄

后记

在西藏就这么算是过去了。

在我将要内调的那段时间里，有幸在普林兄来藏邀请朋友的一次野餐会上结识了西藏人民出版社总编室主任李海平先生。普林对海平讲我那里积累了好多有关西藏民间艺术、宗教文化等方面的资料。海平说，有空要去看看，我欣然答应。

起初，我并没有意识到海平此话将对我们今后带来的影响，依然该干啥就干啥。直到有一天，海平来了，一边聊天，一边翻阅书架上的图片资料。尔后，海平说：在西藏这么多年了，现在要走了，总得给西藏留下点什么吧。他建议整理出一些东西来出版。随后，海平又和汉编部的同志来家里看了看，老师们对我们收集的资料给予了肯定。刘立强社长也来了，给了我很多鼓励，并商议了有关事宜。

我和妻子在收藏、整理、琢磨西藏民间艺术时曾梦想有一天出几本书，一是对自己有个交代，二是对我们深爱的第二故乡作点什么，有所回报。现在终于能如愿以偿了。

在编写过程中，我们尽其全力，同时也深深感到对西藏是多么地缺乏了解。我们时时被藏民族超凡脱俗的精神世界和大气的生活态度感动，在这个民族所创造的灿烂文化面前五体投地。西藏接纳了我们，我们也融进了雪域民族的生活里。西藏磨砺了我们，也改变了我们的处世观念，对人生，我们豁达了。

我们要感谢西藏；感谢西藏的很多朋友；我们还要特别感谢西藏人民出版社刘立强先生、李海平先生、杨芳萍女士、丹朗先生、格桑次仁先生和汉编室、美术编辑室诸位老师；特别感谢温普林先生为本书系作序；特别感谢索朗顿珠活佛、佛母平时对我们的热忱关心、帮助和指导。

　　为了使读者欣赏到更多的民居装饰艺术的图片，笔者未向著作权人征询，选用了有关的图片资料，在此，谨表歉意和予以说明，并向有关著作权人表示衷心的感谢。此外，对母卫华先生将本书文字和图片刻录光盘的技术帮助也要感谢。

　　本书对西藏民居装饰艺术进行了全方位的察看、琢磨和讨论，西藏民居装饰的智慧与艺术感染力是毋庸置疑的。对此项民间艺术的研究和民居的保护还应加大力度。

　　本书是"西藏民间艺术书系"八本书中的最后一本，在杀青时，我们的心情仍不轻松。出版西藏民间艺术书系，是我们多年的愿望。虽然书系已尘埃落定，但后面还有很多的事情要做。

　　由于我们的能力水平极为有限，错误和缺点一定存在，祈请专家、学者和读者指正。我们真切地祈盼对西藏民间艺术的保护和研究能够得到社会的广泛支持，唤起有识之士的高度关注。通过对民族文化遗产的收藏、保护和研究，增强人们的智慧，提高认识文化遗产的素质，自觉保护我们的地球世界，为创造美好的生活而努力。

2013年7月于昆明

后记二

　　2001年11月20日，我与西藏人民出版社签订了"西藏民间艺术书系"八本书的出版合同之后，因内调，很快就离开西藏到云南工作了。在合同的约定中，八本书誊清书稿的交付时间是2002年底。但是，到了年底，我只寄交了《西藏擦擦艺术》和《西藏风马旗艺术》二本书稿，2005年12月寄交了《西藏扎嘎里艺术》书稿，2006年10月又寄交了《西藏玛尼石艺术》书稿。这四本书在2008年4月出版了。

　　时间一分一秒地又过去了七年。这期间，我陆续把《西藏木雕艺术》、《西藏镏金铜饰艺术》和《西藏骨贝雕艺术》寄交了出版社。现在，《西藏民居装饰艺术》也终于写完了。

　　我正式开始编写"书系"的时间，是在到云南稍事安顿后的2002年一季度，到了2013年才收笔。书系的写作拖了这么久的时间，感受实在是太多了，我自觉应该向西藏人民出版社的领导、编辑和关心书系进展情况的朋友们以及读者作个交代：

　　客观上所谓"工作忙"的理由根本站不住脚，主要是自己主观上对"写书"的认识太简单了，以为有不少的图片资料和素材就可以一挥而就，"在今晚打个冲锋，明天一早就把蒋介石的几百万军队全部消灭掉。"八本书很快就可以完成。可问题是，这写书是要一个字一个字地写；一句话一句话地推敲琢磨；一个段落一个段落地组织安排；一个问题一个问题地分析研究（就是这点把自己给折腾苦了，我不情愿仅仅作简单的表面上的一般介绍）；一张图片一张图片地挑选、编排并附以文字说明。工作量之大，责任之重大大超出了预期。这时才知道当初在合同上签字并爽快地答应是多么的幼稚、愚蠢和无知。

　　我恨自己在西藏时为什么不把基础工作做得细致点，扎实点，为什么不早点儿开始"琢磨"呢？现在动笔才明白了写书的难度（尤其是想写出自己认为比较满意的，能经得起推敲和时间检验的书），这是其一。其二是深切地感到自己对西藏的了解有多么的不够，知识的储备不厚。写作时虽然认真努力，但是，就有一些问题和困难横在面前，一时没有好的办法去解决，就有那么一段时间毫无感觉，写出来的东西连自己都不满意，痛苦万分。每每此时，想得最多的就是当初为什么要在合同上签字呢，要是少签几本就好了，也不至于像现在这样的被动。其三是惰性，不能持之以恒。第四本书寄出后，自己就善待了自己，休息休息，酌一口小酒等待着出版，想利用看到出版的书来刺激刺激已经麻痹了的神经，浪费了有限的时间。这期间，海平几次电话与我沟通，希望加快写作的进度，早日把书出齐，与读者见面。我的内心深知这是对我的鼓励和肯定。但是，对后四本书能写出个什么样子，我着实心理没有底气。海平安慰我说"知道多少就写多少嘛"。可惜的是，我知道的实在太少了。其四是越写越怕。因为，每写一本书对自己来说都是一个新的尝试和挑战，胸无成竹时艰难下笔。写了又改，改了又写，反反复复的很伤神。我将自己的这种写作状态自嘲为是在"熬鹰"。就是老鹰被草原牧民捕捉到后，为了让它成为自己狩猎的工具，在驯鹰期间，人与鹰几天几夜都不能睡觉，双方均死盯着对方，不能闭眼，看谁能熬过谁的一场人与鹰的鏖战。我与"书系"的写作也是如此。经过鏖战，书系虽然被熬了出来，可是，比合同规定的时间晚了十一、二年，自觉很不好意思，对不起大家！

真心感谢西藏人民出版社的领导和编辑们对我的宽容，真挚地向出版社领导和编辑们道歉！向关心"书系"的朋友们道歉！向读者道歉！

通过写书，也让我获益匪浅。一是查阅了很多的书籍和资料（包括网上的），对西藏的民族、历史、文化、艺术及宗教进一步加强了学习，加深了理解，增长了知识，提高了认识民族文化艺术遗产的素质，坚定了把书写出来，回报西藏的信心。二是对多年积累的资料进行了仔细的对比、甄别和筛选，并利用有时写不出来的时间，把资料重新进行了梳理、分类、归纳和整理，审视了这些资料可利用的范围、时效和参考价值。三是真正开动了脑子，使出了浑身的解数，认真悉心地进行了思考、琢磨、分析和力所能及的研究。经常是被一个问题弄的不得不半夜爬起来，甚至是酒后脑子里突然冒出一个想法（也许是灵感），也得赶快在床头小柜上的草纸上记上几笔。四是在查阅书籍资料的过程中认真学习、感受到了藏学大家们求实严谨的治学态度和精神。五是寻思到了要结合自身的能力和水平这个实际情况，根据每本书的特点，进行构思编写的途径。先认真分析思考，从整体上谋篇布局，拉出一个粗线条的提纲框架，再往里面塞馅，进行充实，哪地方详写，哪地方略写，不拘泥格式，采用多种办法，多种思路，一点一点地往里写进去、丰富内容。能琢磨研究的就展开，琢磨研究不了的就把问题、想法甚至是猜测提出来，没准儿哪个有心的读者看到后就此惦记上了，并感兴趣投入研究，这是个好事儿。六是在写作过程中，对情感的流露、起伏适当地拿捏了一下。七是总结了一点儿心得体会。第一，对人类文明进程中能留存下来的文化艺术遗产要怀有一颗崇敬和敬畏之心，态度要端正。第二，在琢磨与研究时，要客观地、用立体的全面的眼光来审视，公正对待，实事求是。第三，原来，这认知和写作的过程就是一对矛盾的两个方面，就是一个不懂可以学，不会也可以学，不明白更可以请教，有条件写，没有条件创造条件也可以写的一个学习的过程，一个务实的求真求是，老老实实探索的过程。一个实践出真知的过程。

书系虽已尘埃落定，能否为西藏民间艺术的研究起到一定的作用，笔者说了不算数，期待的是，广大读者和有关专家学者的抡锤了。

从已出版的四本书的读者反映获知，认为笔者在西藏没有白混，能安下心来做这些事，有自己独到的认识和见解，并取得了这样的研究成果是值得充分肯定的，也希望早点看到后四本书的问世。中国西藏网以"唤醒古老的文化，西藏民间艺术书系"为题，向读者推荐阅读。

一些西藏圈内的朋友也感到意外，在此之前，知道马军写点儿东西、拍点儿照片，搞点儿小收藏，酒量有一点。想不到，这小子还有这么一手，居然弄出了一个八本书的书系，还有的认为是对西藏民间艺术研究的一个贡献。

笔者非常感激读者的肯定和西藏有识之士们的抬举。

说实话，为了那一点儿的兴趣和爱好以及当时连自己都不懂的藏传佛教艺术，在西藏民间中根植开花，结出如此让人心跳不止的民间艺术魅力之果。民间艺术所起到的巨大的凝聚力、审美情趣、信仰作用和艺术价值，也是自己通过写书才觉悟到的。

作为对美术有些基础的我，进藏后，从搜集、拍照、拓印、记录点儿什么，到归类、整理、琢磨点儿什么，到逐步认识、搞点小文章之类，后经普林兄长举荐，能被出版社看中，在出版家的指导下，集结成书系，不知不觉竟已走过了三十年漫长的心路历程。

当然，朋友们和读者也对书中存在的错误和缺点，尤其是藏传佛教造像学人物名称方面存在的错误，考证及断代方面不够严谨等提出了意见。笔者认为，那是客气。应该是高水平的批评，一针见血。笔者要感谢他们的慧眼和真知灼见，在诚恳接受的同时，自己非常清醒，并深刻地认识到，是自己对西藏认知能力的不够和知识水平的缺陷所致。后四本书，笔者虽进一步加强了推敲，但错误、缺点和问题一定还是会存在的，自己仍要好好学习。

书系虽已尘埃落定，尽管写作的过程很艰辛，很沉重，尽管把自己熬得一塌糊涂，但收了笔，倍感轻松了许多。邀约朋友们走一口，很是惬意，爽快坏了。但是，挥之不去的是又想到了今后……

今后，我还能做些什么呢？想来想去，琢磨来琢磨去，恐怕除了对西藏的思念外，还真不知道自己将能做点什么。也许，再来熬一熬鹰？从内心讲，这一切的一切都是为了不忘记和念想：

不忘记和念想——为了驱逐帝国主义势力出西藏，为了藏族人民能与祖国大家庭各民族人民一起共建美好的家园，为了中华民族的领土完整和统一，和平解放，挺进西藏，并且留下来工作多年，给予我生命的爸爸马平、妈妈杜云霞，还有我的爷爷和奶奶。

不忘记和念想——我到西藏后，在生活、工作、学习和做人等方面给予我巨大关心、教育和帮助过我的，我爸爸和妈妈的老领导、老战友、老同事、老部下，我叫过的伯伯、叔叔和阿姨们。

他们是：侯杰伯伯、张汝清伯伯和阿姨、付伟叔叔和阿姨、张耀民叔叔和阿姨、刘少云叔叔和阿姨、徐志远叔叔和阿姨、甲央叔叔、田德昌叔叔、张天祥叔叔。

不忘记和念想——我小时候在西藏驻西安办事处家属院和长大到西藏后结识的许多良师益友，并通过他们认识的西藏高僧大德。向他们学习请教，就如同知道了"芝麻开门"这个秘语，是打开认识西藏，了解西藏民族、历史、文化、艺术和宗教宝藏大门的钥匙。

他们是：热振·丹增晋美活佛、波米·强巴伦珠活佛、益西旺秋上师、索朗顿珠活佛和佛母等佛教大师。

他们是：杨志国、温普林、王学军、车刚、张治中夫妇、冯少华夫妇、王明星夫妇、王家凤、黄文唤、付西红、朱明德、徐念龙、李海平、刘立强、刘理文夫妇、张先群、杨臻、杨世君夫妇、巴依夫妇、拉巴顿珠、丹朗、觉果、张鹰、贺中、杜秀英、李海英、彭大鹏、衡峰、鲜明、达尔基、王海燕、王舒、韩心刚、王立平夫妇、陈国平夫妇、余有心、黄建中、杨立泉、鹏程、李纪群、丹增卓玛、张华夫妇、臧晓飞夫妇、孙洪占。

他们是：李安华、支毅隆、龙新平、赵振栓、顾基平、程杰、但国义、程迪龙。

还有许多的老师和朋友……

不忘记和念想——我在西藏走过的每一个地方所看到的纯朴善良的乡亲们，那让你一辈子都忘不了的笑容和吃到的美味以及精神的慰藉与升华。

不忘记和念想——在我和朋友们的家里，大伙儿大口喝酒吃肉、放歌嚎叫的陶醉与幸福时光。

不忘记和念想——大美西藏给予我的一切……

与此同时，也要反省自己在西藏的过错。

特别能吃苦、特别能忍耐、特别能战斗和献了青春献终身、献了终身献子孙的思想觉悟和崇高情操，是老西藏的精神境界；是我们中华民族大家庭崇尚的大美厚德；是我们永远要倍加珍惜和不能丢弃的最宝贵的精神财富；也是从容抵御当今急功近利、物欲横流这个浮躁社会的心之盾牌，更是我这一生不舍的西藏情缘。

感恩西藏！

向西藏敬酒！祝福干杯！

深深地鞠躬！

2013年7月 夜 昆明

图书在版编目(CIP)数据

西藏民居装饰艺术 / 马军著. --拉萨 : 西藏人民
出版社，2015.12
ISBN 978-7-223-04604-6

Ⅰ.①西… Ⅱ.①马… ②黄…Ⅲ. ①民居-建筑装
饰-研究-西藏　Ⅳ. ①TU241.5

中国版本图书馆CIP数据核字（2014）第294523号

西 藏 民 居 装 饰 艺 术

编　　著	马军　黄莉
总 策 划	刘立强　李海平
责任编辑	杨芳萍　拉姆曲珍
美术责编	格桑次仁
封面设计	格桑次仁
出版发行	西藏人民出版社（拉萨市林廓北路20号）
印　　刷	深圳华新彩印制版有限公司
开　　本	787×1092　1/12
印　　张	9
字　　数	38千
版　　次	2015 年 12 月第 1 版
印　　次	2015 年 12 月第 1 次印刷
印　　数	01-2,000
书　　号	ISBN978-7-223-04604-6
定　　价	90.00元

版权所有　翻印必究
（如有印装质量问题，请与出版社发行部联系调换）
发行部联系电话（传真）：0891—6826115